上海市工程建设规范

堤防工程钢板桩围堰技术标准

Technical standard for steel sheet pile cofferdam of levee project

DG/TJ 08—2341—2020
J 15427—2020

主编单位：上海市堤防(泵闸)设施管理处
　　　　　上海市政工程设计研究总院(集团)有限公司
批准部门：上海市住房和城乡建设管理委员会
施行日期：2021 年 4 月 1 日

同济大学出版社

2021　上海

图书在版编目(CIP)数据

堤防工程钢板桩围堰技术标准/上海市堤防(泵闸)
设施管理处,上海市政工程设计研究总院(集团)有限
公司主编. —上海:同济大学出版社,2021.3
    ISBN 978-7-5608-9818-6

    Ⅰ.①堤… Ⅱ.①上… ②上… Ⅲ.①堤防-防洪工
程-板桩围堰-技术标准-上海 Ⅳ.①TV871-65

中国版本图书馆 CIP 数据核字(2021)第 041260 号

堤防工程钢板桩围堰技术标准

上海市堤防(泵闸)设施管理处
上海市政工程设计研究总院(集团)有限公司   **主编**

策划编辑   张平官

责任编辑   朱   勇

责任校对   徐春莲

封面设计   陈益平

出版发行   **同济大学出版社**   www.tongjipress.com.cn
            (地址:上海市四平路 1239 号   邮编:200092   电话:021-65985622)

经   销   全国各地新华书店

印   刷   浦江求真印务有限公司

开   本   889mm×1194mm   1/32

印   张   1.75

字   数   47 000

版   次   2021 年 3 月第 1 版   2021 年 3 月第 1 次印刷

书   号   ISBN 978-7-5608-9818-6

定   价   20.00 元

上海市住房和城乡建设管理委员会文件

沪建标定〔2020〕629 号

上海市住房和城乡建设管理委员会
关于批准《堤防工程钢板桩围堰技术标准》
为上海市工程建设规范的通知

各有关单位：

由上海市堤防（泵闸）设施管理处和上海市政工程设计研究总院（集团）有限公司主编的《堤防工程钢板桩围堰技术标准》，经我委审核，现批准为上海市工程建设规范，统一编号为 DG/TJ 08—2341—2020，自 2021 年 4 月 1 日起实施。

本规范由上海市住房和城乡建设管理委员会负责管理，上海市堤防（泵闸）设施管理处负责解释。

特此通知。

上海市住房和城乡建设管理委员会
二〇二〇年十一月四日

前　言

根据上海市住房和城乡建设管理委员会《关于印发〈2019 年度上海市工程建设规范和标准设计编制计划〉的通知》(沪建交〔2018〕753 号)的要求,由上海市堤防(泵闸)设施管理处和上海市政工程设计研究总院(集团)有限公司开展《堤防工程钢板桩围堰技术标准》编制工作。编制组总结理论研究成果和工程实践经验,参考国内外相关标准,广泛征求意见,经过反复讨论,形成本标准。

本标准共 8 章,主要内容包括:总则;术语和符号;基本规定;围堰级别和设防标准;平面布置和结构设计;施工;安全监测;质量检验与验收。

各单位及相关人员在执行本标准过程中,如有意见和建议,请反馈至上海市水务局(地址:上海市江苏路 389 号;邮编:200042;E-mail:kjfzc@swj.shanghai.gov.cn),上海市堤防(泵闸)设施管理处(地址:上海市吴淞路 80 号;邮编:200080;E-mail:shdifangke@163.com),上海市建筑建材业市场管理总站(地址:上海市小木桥路 683 号;邮编:200032;E-mail:bzglk@zjw.sh.cn),以供今后修订时参考。

主 编 单 位:上海市堤防(泵闸)设施管理处

上海市政工程设计研究总院(集团)有限公司

主要起草人:兰士刚　田爱平　董学刚　周建军　汪晓蕾

母冬青　石永超　郭高贵　严　飞　陆志翔

孙　冬　邓　群　闫红飞　柴先墩　马如彬

王　帆　王晓岚　叶茂盛　仲云飞　陈伟国

周振宇　张郁琢　林顺辉　周佳毅　顾诗意

钱敏浩　游孟陶　董蕃宗　鲍毅铭

主要审查人: 胡　欣　李小军　张文渊　徐田春　程松明
　　　　　　陈　虹　楼启为

上海市建筑建材业市场管理总站

目　次

Contents

1 总　则

1.0.1 为规范和指导本市堤防工程钢板桩围堰的设计、施工和质量检验及验收工作,保障钢板桩围堰的安全运用和堤防工程的施工安全,制定本标准。

1.0.2 本标准适用于本市行政区域内堤防工程(除海塘堤坝外)中所采用的钢板桩围堰。

1.0.3 钢板桩围堰的设计和施工应遵循安全可靠、经济合理、施工方便、节能环保的原则,通航河道应满足施工期航道通航安全要求。

1.0.4 与永久建筑物结合的钢板桩围堰,结合部分的围堰设计应同时满足永久建筑物的要求;与其他临时建筑物结合的钢板桩围堰,结合部分的围堰设计应同时满足其他临时建筑物的要求。

1.0.5 钢板桩围堰设计、施工和质量检验,除应符合本标准外,尚应符合国家、行业和本市现行有关标准的规定。

2 术语和符号

2.1 术 语

2.1.1 堤防 levee

在江、河、湖、海沿岸或水库区、分蓄洪区周边修建的挡水建筑物。

2.1.2 钢板桩围堰 steel sheet pile cofferdam

使用钢板桩逐根（组）插打，钢板桩之间相互咬接，通过挡住外侧水土形成施工空间的钢围堰。

2.1.3 单排钢板桩围堰 single-row steel sheet pile cofferdam

使用单排钢板桩逐根插打，钢板桩之间相互咬接挡住外侧水土形成施工空间的围堰。

2.1.4 组合式钢板桩围堰 composite steel sheet pile cofferdam

使用单排钢板桩组合或焊接工字钢、H 型钢、钢管桩或其他加强桩逐根插打，桩基之间相互咬接挡住外侧水土形成施工空间的围堰。

2.1.5 双排钢板桩围堰 double-row steel sheet pile cofferdam

用双排钢板桩构成格构式结构、支撑式结构或双排钢板桩内填砂石土料组合而成的围堰。

2.1.6 顺河围堰 cofferdam along the river

轴线顺水流方向布置的围堰。

2.1.7 拦河围堰 cofferdam blocking the river

轴线基本与水流方向垂直布置且截断所在河流的围堰。

2.1.8 围堰出土高度 height of cofferdam beyond mud line

堰顶标高至基坑开挖面的高差。

2.2 符 号

2.2.1 作用效应

f——钢材的抗弯强度设计值；

f_v——钢材的抗剪强度设计值；

F_{w1}——围堰迎水侧静水压力；

F_{w2}——围堰背水侧静水压力；

F_a——围堰主动土压力；

F_p——围堰被动土压力；

G——围堰自重设计值；

M——单根钢板桩或单组组合钢板桩围堰计算截面弯矩设计值；

M_k——单根钢板桩或单组组合钢板桩围堰计算截面弯矩标准值；

p_s——分布土反力；

p_{s0}——初始分布土抗力；

P_s——围堰背水侧土反力；

u_p——围堰背水侧计算点的水压力；

V——单根钢板桩或单组组合钢板桩围堰计算截面剪力设计值；

V_k——单根钢板桩或单组组合钢板桩围堰计算截面剪力标准值；

σ——单根钢板桩或单组组合钢板桩围堰同一点上产生的正应力；

σ_p——围堰背水侧计算点的土中竖向应力标准值；

τ——单根钢板桩或单组组合钢板桩围堰同一点上产生的剪应力。

2.2.2　材料性能

φ_i——第 i 层土的内摩擦角。

2.2.3　几何参数

b——围堰计算宽度；

d——计算工况下的基坑开挖深度；

e——重心位置到围堰背水侧脚趾的距离；

h_{w1}——围堰结构底端与 F_{w1} 作用点的距离；

h_{w2}——围堰结构底端与 F_{w2} 作用点的距离；

h_a——围堰结构底端与 F_a 作用点的距离；

h_p——围堰结构底端与 F_p 作用点的距离；

I——毛截面惯性矩；

S——计算单根钢板桩或单组组合钢板桩围堰处毛截面对中和轴的面积矩；

t——钢板桩的厚度；

v——围堰构件在分布土抗力计算点使土体压缩的水平位移值；

W——单根钢板桩或单组组合钢板桩围堰截面模量；

z——计算点距地面的深度。

2.2.4　计算系数及其他

K——抗倾覆稳定安全系数；

k_s——土的水平反力系数；

k_{s_0}——初始分布土抗力系数；

K_{ai}——第 i 层土的主动土压力系数；

m——土的水平反力系数的比例系数；

β——计算折算应力的强度设计值增大系数；

γ——截面塑性发展系数。

3 基本规定

3.0.1 钢板桩围堰宜适用于下列情况:

1 施工期环境保护要求高或存在重要保护对象。

2 施工期河道过水段断面(航道通航水域)有明确限制束窄要求的河道。

3 工程具备钢板桩施工及运输条件,且钢板桩围堰具备一定的综合优势。

4 文明施工要求较高的工程。

3.0.2 围堰设计和施工前应收集下列资料:

1 工程区域水文、气象、地形、地质和河道冲淤变化等资料。

2 堤防工程现状结构资料、新改建设计方案(包括平剖面和结构图)。

3 通航河道的现状和规划航道等级、通航水位、通航船型和航运量情况。

4 围堰施工影响范围内的环境情况,包括地下或架空管线、隧道、桥梁、港区码头等邻近构筑物资料,以及地下障碍物的分布情况。

3.0.3 出土高度不超过 4 m 时,宜采用单排钢板桩围堰或组合式钢板桩围堰;出土高度超过 4 m 时,宜采用双排钢板桩围堰。

3.0.4 出土高度超过 5 m 的钢板桩围堰应进行专项设计。

3.0.5 围堰施工现场作业应符合文明施工的要求。

4 围堰级别和设防标准

4.0.1 堤防工程围堰级别根据其保护对象和失事后果分为 4 级和 5 级。

4.0.2 堤防工程围堰级别和设计洪水标准宜按表 4.0.2 确定。

表 4.0.2 堤防工程围堰级别和设计洪水标准

序号	岸段划分名称		堤防工程级别	围堰级别	围堰设计洪水重现期(年)
1	黄浦江市区防汛墙		1 级	4 级	5 年~10 年一遇
2	黄浦江上游段堤防		1~2 级	4 级	
3	苏州河 (吴淞江上海段)		1~2 级	4 级	
4	其他 河道	开敞河道	3 级	5 级	5 年~10 年一遇
		闸控河道	3 级、4 级	5 级	跨汛期时:同区域除涝设防标准;不跨汛期时:不设洪水标准

注:1. 黄浦江市区段防汛墙右岸自千步泾至吴淞口,左岸自西荷泾至吴淞口及沿江支流河口至第一座水闸之间的防汛墙和复兴岛防汛墙范围。黄浦江上游段堤防包括黄浦江上游干流段、拦路港段、红旗塘(上海段)、太浦河(上海段)、大泖港(北朱泥泾及向阳河向下游至黄浦江干流段)。

　　　2. 黄浦江市区段、上游干流及支流段、苏州河围堰的重现期分汛期和非汛期,采用 5 年~10 年一遇的设计重现期标准,根据工程重要性选择取用上限或者下限,其中 5 年~10 年一遇洪(潮)水位根据挡水期(是否跨汛)采用邻近水文(位)站长系列资料进行频率分析,参与频率分析水位系列长度不宜少于 30 年。

　　　3. 闸控河道跨汛期施工时围堰工程不得降低区域除涝标准,围堰工程跨汛期施工时,围堰设计洪水标准等同区域除涝设防标准;非汛期时,河道水位基本维持在常水位,围堰工程施工时不设置围堰工程设计洪水标准。

5 平面布置和结构设计

5.1 一般规定

5.1.1 围堰布置应满足与岸坡接头或与其他建筑物的连接要求。

5.1.2 围堰结构设计荷载组合一般取正常运行工况,度汛围堰宜增加抗震工况。

5.1.3 围堰结构设计应对下列设计工况进行计算分析:

1 正常运行工况:迎水侧水位为围堰设计高水位,基坑侧水位为基坑开挖面以下 0.5 m。

2 非正常运用工况:围堰施工过程中可能存在的其他不利工况。

5.2 平面布置

5.2.1 围堰根据轴线与水流方向的关系可分为拦河围堰和顺河围堰。

5.2.2 拦河围堰宜布置成直线,也可根据地形、地质条件等因素布置成其他线型。

5.2.3 顺河围堰宜结合已建堤防、地形地质条件、水力条件、施工期通航条件、河床冲刷等要求确定。

5.2.4 围堰兼作临时防汛墙时,应与上、下游堤防可靠连接,共同组成完备的封闭体系。

5.3 围堰断面型式

5.3.1 堤防工程钢板桩围堰堰顶标高宜按表5.3.1确定。

表5.3.1 围堰堰顶高程

序号	岸段划分名称		围堰级别	堰顶高程
1	黄浦江市区防汛墙		4级	挡水期5年～10年一遇洪(潮)水位＋0.5 m
2	黄浦江上游段堤防		4级	
3	苏州河 (吴淞江上海段)		4级	
4	其他河道	开敞河道	5级	挡水期5年～10年一遇洪(潮)水位＋0.3 m～0.5 m
		闸控河道	5级	挡水期(跨汛期):区域设防标准下最高洪(涝)水位＋0.3 m～0.5 m 挡水期(不跨汛期):常水位的上限＋0.3 m～0.5 m

注:纵向围堰导致河床缩窄影响过流能力时,堰顶超高值应考虑行泄断面缩窄导致的水位壅高值。

5.3.2 通航河道的围堰顶高程应考虑船行波的影响。

5.3.3 钢板桩围堰具体选型应结合场地情况、地质条件、围堰出土高度、围堰所在河段的冲淤情况、使用周期等因素综合确定。

5.4 设计计算

5.4.1 围堰设计计算应包括稳定计算和应力变形计算;对于顺河围堰,必要时应进行河流水动力计算分析。

5.4.2 围堰稳定计算中,土体作用在钢板桩结构上的侧向压力,宜按水土分算的原则计算。

5.4.3 围堰的稳定计算包括抗倾覆稳定、整体稳定和基坑抗渗流稳定性计算。围堰的稳定计算宜优先按下式进行抗倾覆稳定计

算(图5.4.3):

$$K = \frac{Ge + F_{w2}h_{w2} + F_p h_p}{F_{w1}h_{w1} + F_a h_a} \quad (5.4.3)$$

式中:K——抗倾覆稳定安全系数;

G——围堰自重(kN);

F_{w1}——围堰迎水侧静水压力(kN);

F_{w2}——围堰背水侧静水压力(kN);

F_a——围堰主动土压力合力(kN);

F_p——围堰被动土压力合力(kN);

e——重心位置到围堰背水侧脚趾的距离(m);

h_{w1}——围堰结构底端与F_{w1}作用点的距离(m);

h_{w2}——围堰结构底端与F_{w2}作用点的距离(m);

h_a——围堰结构底端与F_a作用点的距离(m);

h_p——围堰结构底端与F_p作用点的距离(m)。

单排钢板桩围堰和组合式钢板桩围堰按式(5.4.3)计算,但不计$G \cdot e$项。

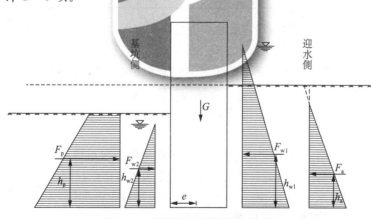

图5.4.3 围堰稳定计算受力示意图

5.4.4 围堰的抗倾覆安全系数应满足表 5.4.4 的规定。

表 5.4.4　围堰抗倾覆安全系数

围堰级别	4	5
安全系数	1.35	1.30

5.4.5 围堰的整体稳定计算应符合下列要求：

　　1 围堰宜采用单一安全系数刚体极限平衡法进行整体稳定性计算。

　　2 整体稳定计算采用瑞典圆弧法或简化毕肖普法时,围堰的整体稳定安全系数应符合表 5.4.5 的规定。

　　3 整体稳定性计算滑动面应通过钢板桩以下土层。

表 5.4.5　围堰整体稳定安全系数

围堰级别	计算方法	
	瑞典圆弧法	简化毕肖普法
4、5	≥1.05	≥1.15

5.4.6 基坑抗渗流稳定性复核可按现行上海市工程建设规范《基坑工程技术标准》DG/TJ 08—61 有关规定执行。

5.4.7 单排钢板桩围堰和组合式钢板桩围堰在满足抗倾覆稳定性的前提下,宜采用平面杆系结构弹性支点法进行应力和变形分析。当采用平面杆系结构弹性支点法时(图 5.4.7),应符合下列规定：

　　1 单排钢板桩围堰和组合式钢板桩围堰取单根或单组桩进行分析时,围堰受力计算宽度 b 应取单根桩或单组桩间距。

　　2 水压力 p_w 和土压力 p_a 按照现行行业标准《水工建筑物荷载设计规范》SL 744 的有关规定计算。

　　3 作用在挡土结构上的分布土反力应符合下列规定：

　　　　1) 分布土反力可按下式计算：

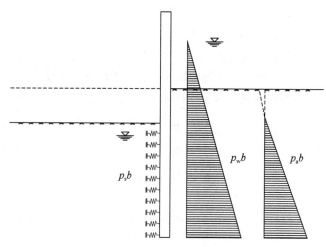

图 5.4.7 弹性支点法计算示意图

$$p_s = k_s v + k_{s_0} p_{s_0} \qquad (5.4.7-1)$$

$$p_{s_0} = (\sigma_p - u_p) K_{ai} + u_p \qquad (5.4.7-2)$$

$$K_{ai} = \tan^2 \left(45° - \frac{\varphi_i}{2} \right) \qquad (5.4.7-3)$$

式中：p_s——分布土反力(kPa)；

k_s——土的水平反力系数(kN/m^3)，按式(5.5.7-5)计算；

v——围堰构件在分布土抗力计算点使土体压缩的水平位移值(m)；

p_{s_0}——初始分布土抗力(kPa)；

k_{s_0}——初始分布土抗力系数，k_{s_0} 取 0 或 1；

K_{ai}——第 i 层土的主动土压力系数；

φ_i——第 i 层土的内摩擦角(°)；

u_p——围堰背水侧计算点的水压力(kPa)；

σ_p——围堰背水侧计算点的土中竖向应力标准值(kPa)。

　　2）围堰嵌固段上的背水侧分布土反力应符合下列条件：

$$P_s \leqslant F_p \qquad (5.4.7\text{-}4)$$

式中：P_s——围堰背水侧土反力(kN)。

    3）当不符合公式(5.5.7-4)的计算条件时，应增加挡土构件的嵌固段长度或取 $P_s = F_p$ 时的分布土反力。

  4 围堰内侧嵌固段上土的水平反力系数可按下式计算：

$$k_s = m(z-d) \qquad (5.4.7\text{-}5)$$

式中：m——土的水平反力系数的比例系数(kN/m^4)，宜按桩的水平荷载试验及上海地区经验按表 5.4.7 的规定确定取值；

    z——计算点距地面的深度(m)；

    d——计算工况下的基坑开挖深度(m)。

表 5.4.7 上海地区 m 值经验范围

地基土的分类	$m(kN/m^4)$
流塑的黏性土	1 000～2 000
软塑的黏性土、松散的粉性土和砂土	2 000～4 000
可塑的黏性土、稍密～中密的粉性土和砂土	4 000～6 000
坚硬的黏性土、密实的粉性土、砂土	6 000～10 000

  5 根据式(5.4.7-1)～式(5.4.7-4)计算出的钢板桩内力标准值可按下式转换为设计值：

弯矩设计值

$$M = 1.25 M_k \qquad (5.4.7\text{-}6)$$

剪力设计值

$$V = 1.25 V_k \qquad (5.4.7\text{-}7)$$

式中：M——单根钢板桩或单组组合钢板桩围堰计算截面弯矩设计值(kN·m)；

    V——单根钢板桩或单组组合钢板桩围堰计算截面剪力设

计值(kN);

M_k——单根钢板桩或单组组合钢板桩围堰计算截面弯矩标
准值(kN·m);

V_k——单根钢板桩或单组组合钢板桩围堰计算截面剪力标
准值(kN·m)。

5.4.8 单排钢板桩或组合式钢板桩围堰在荷载效应基本组合下
应符合下列要求：

1 抗弯强度应按下式计算：

$$\frac{M}{\gamma W} \leqslant f \qquad (5.4.8\text{-}1)$$

2 抗剪强度应按下式计算：

$$\frac{VS}{It} \leqslant f_v \qquad (5.4.8\text{-}2)$$

3 折算应力应按下式计算：

$$\sqrt{\sigma^2 + 3\tau^2} \leqslant \beta f \qquad (5.4.8\text{-}3)$$

式中：W——单根钢板桩或单组组合钢板桩围堰截面模量(m^3);

γ——截面塑性发展系数，取 $\gamma = 1.05$;

S——计算单根钢板桩或单组组合钢板桩围堰处毛截面对
中和轴的面积矩(m^3);

I——毛截面惯性矩(m^4);

t——钢板桩的厚度(m);

σ,τ——单根钢板桩或单组组合钢板桩围堰同一点上产生的
正应力和剪应力，正应力按式(5.4.8-1)不计截面塑
性发展系数计算，剪应力按式(5.4.8-2)计算(kPa);

β——计算折算应力的强度设计值增大系数，取 $\beta = 1.1$;

f——钢材的抗弯强度设计值(kPa);

f_v——钢材的抗剪强度设计值(kPa)。

4 钢板桩围堰桩顶变形允许值不宜超过围堰出土高度的 3‰～5‰。

5.4.9 双排钢板桩围堰在满足抗倾覆稳定性的前提下,根据围堰的设计边界条件确定双排钢板桩围堰的设计参数。

5.4.10 确定钢板桩构件截面惯性矩和截面模量时,应根据锁口连接状态分别乘以折减系数。当桩顶设有整体围檩或锁口连接位置位于钢板桩桩基两端时,折减系数取 1.0;当桩顶不设整体围檩且锁口连接位置位于钢板桩桩基中心线时,截面惯性矩的折减系数取 0.6,截面模量的折减系数取 0.7。

5.4.11 纵向钢板桩围堰导致河道过流断面束窄 20% 及以上的,宜进行导流期间的水力计算,确定水流流速、流态及壅高,以确定纵向围堰和河道堤防设施的抗冲刷稳定性和河道的通航条件。

5.4.12 拦河围堰应分析河道截断后对上、下游水位的影响以及对区域防洪排涝的影响。

5.5 构 造

5.5.1 钢板桩可选用 U 形截面或 U 形组合式结构。

5.5.2 为保证围堰的安全并防止一定条件下出现脆性破坏,应根据围堰的应力状态、连接方式、重要程度和工作环境等因素选择合适的钢材牌号和性能。钢板桩围堰宜采用 B 级以上钢材。

5.5.3 钢板桩的转角处理可通过转角桩、转角构件、锁口连接方式实现。

5.5.4 钢板桩围堰需满足工程施工的止水要求,钢板桩围堰每延米的渗透量不宜大于 6×10^{-6} m³/s。

5.5.5 对于设置有拉杆的双排钢板桩围堰,拉杆应与钢板桩垂直布置,拉杆间距宜为钢板桩板宽的倍数。

6 施 工

6.1 一般规定

6.1.1 围堰施工工艺方法和施工顺序应根据设计要求、结构特点、工程地质、现场地形、作业环境和施工条件等因素确定。

6.1.2 钢板桩宜采用振动法施工,对于存在重要保护对象的工程,宜选用静压法和免共振法施工。

6.1.3 当施工水域为通航水域时,应进行工程航道条件安全分析,设置必要的防撞保护设施、导助航标志和警示装置。

6.2 钢板桩储运

6.2.1 钢板桩的堆存应符合下列规定:

1 堆存场地应平整、坚实,垛位布置应便于桩的起吊和运输。

2 堆垛时,每层板桩宜用垫木支垫,同层垫木的高度应相同,垫木的间距宜为 3 m～4 m,堆垛的层数不宜超过 3 层,上下层的支垫应在同一垂线上。

6.2.2 吊运装卸钢板桩宜使用专用钢吊钩。

6.2.3 钢板桩不宜现场接桩。确因工程需要接桩时,两根同型号钢板桩应对正顶紧、夹持于牢固的夹具内焊接,并焊接牢固。在围堰的同一断面上,钢板桩接桩接头不得大于 50%,相邻桩接头上下错开应不小于 2 m。

6.3　钢板桩施工

6.3.1　钢板桩沉桩所用的打桩机、打桩船应具有足够的起重能力和起吊高度。

6.3.2　钢板桩沉桩宜采用导梁、导架等定位导向装置,定位导向装置应具有足够的刚度和强度。

6.3.3　钢板桩宜采用插打式、屏风式或错列式沉桩的方法。

6.3.4　钢板桩施工应从上游依次向下游插打,对受潮水影响的河道,应根据实际情况制订施工方案和安全防护措施。

6.3.5　双排钢板桩围堰的围檩应具备一定的刚度,围檩宜采用型钢拼接;必要时,型钢之间增加连接缀板。单根围檩应具备一定长度,宜大于 4 倍的拉杆间距。

6.3.6　钢板桩施工前应复核围堰尺寸、钢板桩数量、打入位置、入土深度和桩顶高程等。

6.3.7　钢板桩锁口宜填充沥青填充材料、水溶性聚氨酯膨胀材料、蜡和矿物油等止水材料或采用锁口焊接等方式进行止水;围堰保护的基坑应有临时排水措施。

6.4　围堰拆除

6.4.1　根据围堰型式、拆除范围及拆除工程量,宜制定围堰拆除方案。

6.4.2　围堰拆除不应影响已建结构。

6.4.3　围堰拆除宜安排在低水位拆除,内外水位差不宜超过 1 m。

6.4.4　围堰拆除施工工艺应满足堤防安全要求,并符合环境保护及水土保持等相关要求。

6.4.5　通航水域范围内围堰拆除应满足通航安全要求。

7 安全监测

7.0.1 围堰安全监测可采用巡视检查和仪器设备观测。

7.0.2 围堰安全监测设计应针对工程特点设置监测项目,监测断面和部位选择应有代表性。

7.0.3 围堰安全监测宜设置下列外部监测项目:

    1 堰体垂直位移和水平位移。

    2 围堰渗流量。

7.0.4 测点布置应满足下列要求:

    1 钢板桩变形监测点宜每隔约 30 m 布置 1 个测点,测点数量不应少于 3 个。

    2 围堰土方监测点可采用埋设预制标石进行监测,标石应铅直,埋置深度不得小于 0.5 m。

7.0.5 围堰安全监测宜自围堰施工开始至围堰拔除止。

7.0.6 围堰安全监测频率宜符合下列规定:

    1 堤防土方及桩基施工期间每天 1 次。

    2 堤防土方及桩基施工完成后一周内每天 1 次,其后每 3 天 1 次,以后逐步降低频次,具体结合实际工程进展情况确定。

7.0.7 围堰安全监测报警值应由变化速率和累计变化值控制。各监测项目的报警值应满足设计要求;当无明确要求时,可按表 7.0.7 采用。

表 7.0.7 围堰安全监测报警值

监测项目	变化速率(mm/d)	累计变化量(mm)
围堰变形	4~8	3‰~5‰H
	4~8	3‰~5‰H
围堰渗透量	围堰渗透量持续增大或可能存在持续增大的趋势	

注:1. H 为围堰的出土高度。

    2. 围堰安全监测报警值上限或下限的采用根据围堰的重要程度确定。

7.0.8 施工单位应重视监测数据的综合分析。当观测数据出现异常时,应进行复测并分析原因;当监测值接近或达到报警值时,应及时告知参建各方,确定后续工程措施。

8 质量检验与验收

8.0.1 钢板桩围堰质量检验与验收应符合下列规定：

1 钢板桩进场应全数检验合格证和出厂检验报告。

检查数量：每一批。

检验方法：检查检验合格证和出厂检验报告。

2 钢板桩外观质量不应有严重缺陷，质量检查项目、质量标准及检验方法应符合表 8.0.1-1 的规定。

表 8.0.1-1　钢板桩质量检查项目、质量标准及检验方法

项目	检查项目	质量标准或允许偏差(mm)	检测频率		检验方法
			范围	点数	
主控项目	1. 弯曲	检查锁口	每根	2	桩两侧,2 m 长锁口通过全长
	2. 挠度	1‰L 且≤5	每根	1	拉线,钢尺丈量
	3. 桩顶平面与桩中心线的倾斜	≤2	每根	1	拉线,角尺及塞尺丈量
一般项目	1. 高度	±3	每根	6	沿桩两侧全长上、中、下各取 3 点,钢尺丈量
	2. 宽度	−5,+10	每根	3	沿桩两侧全长上、中、下各取 3 点,钢尺丈量
	3. 长度	0,+50	每根	1	钢尺丈量

注:L 为桩长。

3 拼接钢板桩端头间隙不应大于 3 mm,断面错位不应大于 2 mm。

检查数量：全数检查。

检验方法：尺量。

4 钢板桩围堰几何尺寸应符合设计要求。

检查数量:全数检查。

检验方法:观察或尺量。

5 钢板桩围堰使用期间不应涌水,否则应采取相应措施。

检查数量:全数检查。

检验方法:观察。

6 钢板桩围堰施工完成后,允许偏差及检验方法应符合表 8.0.1-2 的规定。

表 8.0.1-2　钢板桩围堰施工完成后允许偏差及检验方法

序号	项目	容许误差	检查数量	检验方法
1	桩墙纵向长度	不大于1根钢板桩的宽度	打桩过程中适当时候,1次;打桩完成时,1次	钢卷尺丈量
2	与桩墙定位轴线距离	±100 mm	打桩完成时 1 根/20 根与设计轴线不同的点	经纬仪、钢卷尺丈量
3	偏离桩墙定位轴线的倾斜度	顶部和底部宽度差小于1根桩;小于或等于1/100	打桩过程中,1次;打桩完成时(在端部),1次	经纬仪、铅锤线、倾斜仪等丈量
4	钢板桩顶高程	不低于设计高程	打桩完成后所有桩	水准仪丈量
5	锁扣脱开	—	所有桩	观察

8.0.2 质量等级评定合格应符合下列规定:

1 主控项目全部符合质量标准。

2 一般项目不少于 70% 的检查点符合质量标准。

本标准用词说明

1 为了便于在执行本标准条文时区别对待,对要求严格程度不同的用词说明如下:

  1)表示很严格,非这样做不可的用词:

    正面词采用"必须";

    反面词采用"严禁"。

  2)表示严格,在正常情况下均应这样做的用词;

    正面词采用"应";

    反面词采用"不应"或"不得"。

  3)表示允许稍有选择,在条件许可时,首先应这样做的用词:

    正面词采用"宜"或"可";

    反面词采用"不宜"。

  4)表示有选择,在一定条件下可以这样做的用词,采用"可"。

2 标准中指定应按其他有关标准执行时,写法为"应符合……的规定(要求)"或"应按……执行"。

引用标准名录

1 《水利水电工程围堰设计规范》SL 645
2 《基坑工程技术标准》DG/TJ 08—61

上海市工程建设规范

堤防工程钢板桩围堰技术标准

DG/TJ 08—2341—2020
J 15427—2020

条 文 说 明

目　次

Contents

1 总　则

1.0.4　与永久建筑物结合的围堰,不仅承担施工期间的挡水任务,而且工程运行后会成为永久建筑物的一部分,需同时满足施工期和运行期的要求,结构设计应按永久建筑物标准设计。如单排钢板桩围堰后续兼作防汛墙永久桩基的,在满足围堰施工期的安全要求和作为防汛墙桩基的承载能力、抗弯能力等要求的同时,还需考虑钢板桩防腐等问题。与临时建筑物结合的围堰,主要指围堰兼作临时防汛墙,围堰的顶标高应满足临防的标高要求,围堰的范围应包含堤防的开缺范围,以形成防汛封闭。

2 术语和符号

2.1 术 语

2.1.4 组合式钢板桩围堰使用单排钢板桩组合或焊接 H 型钢、钢管桩或其他加强桩相互咬接形成整体。组合式钢板桩围堰常见结构见图 1。

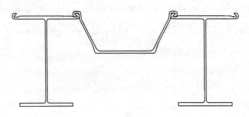

(a) 钢板桩组合 H 型钢

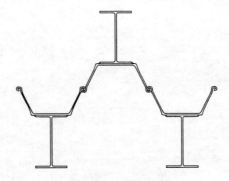

(b) 钢板桩焊接 H 型钢

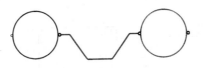

（c）钢板桩组合钢管钢

图1　组合式钢板桩围堰断面图

2.1.5　双排钢板桩围堰根据围堰堰体是否回填砂石土料分为传统钢板桩围堰(围堰堰体回填砂石土料)、格构式围堰和支撑式围堰三种。在围堰安全性满足要求的前提下,双排钢板桩围堰的选型应结合围堰的防渗性能和施工场地条件确定。双排钢板桩围堰断面示意图见图2~图4。

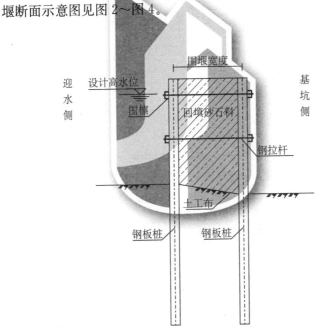

图2　传统双排钢板桩围堰(围堰堰体回填砂石土料)断面示意图

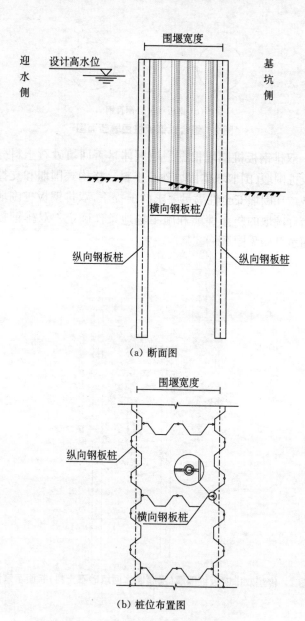

（a）断面图

（b）桩位布置图

图3 格构式双排钢板桩围堰示意图

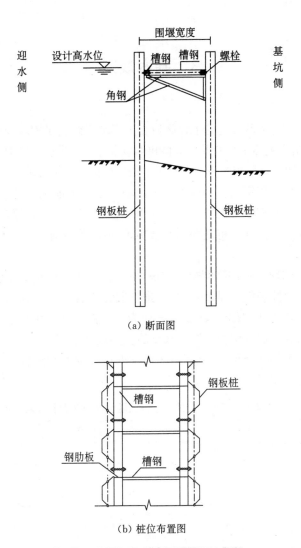

（a）断面图

（b）桩位布置图

图4 支撑式双排钢板桩围堰示意图

3 基本规定

3.0.2 主体工程设计的工程区域相关资料不能满足围堰设计要求时,应结合主体工程的勘察资料和围堰设计方案进行有针对性的补充。围堰设计所提的资料不限于本条中所提的相关要求。

堤防工程钢板桩围堰主要确保堤防工程干地施工的条件,因此围堰方案需收集堤防工程的平面布置、工程规模和堤防的结构型式等资料为确保桩基顺利安全实施的同时,保障周边构筑物的安全。

3.0.3 围堰临水侧高度超过 4 m 的工况下,单一的增加刚度对围堰的变形控制没有显著变化,单排围堰无法有效地控制围堰的变形。因此,将围堰出土高度 4 m 作为单排钢板桩围堰和组合式钢板桩围堰与双排钢板桩围堰选型的分界点。

当无基础资料时,上海地区单排钢板桩围堰和组合式钢板桩围堰的刚度可按表 1 估算。

表 1 单排钢板围堰和组合式钢板桩围堰惯性矩选型参考表(cm^4/m)

围堰迎水侧高度(m)	基坑挖深(m)			
	0	1	2	3
1	4 399	16 637	58 523	517 860
2	7 182	47 670	339 420	—
3	36 105	250 998	—	—
4	214 050	—	—	—

注:表中数据均为不考虑钢板桩的强度折减的结果。

3.0.4 本市堤防工程钢板桩围堰出土高度超过 5 m 的工况较少,出于围堰的工程的安全性考虑,应进行专项设计。

4 围堰级别和设防标准

4.0.1～4.0.2 现行行业标准《水利水电工程围堰设计规范》SL 645 规定,围堰级别应根据其保护对象、失事后果、使用年限和围堰工程规模划分为 3 级、4 级和 5 级,具体按表 2 确定。

表 2 围堰级别划分

级别	保护对象	失事后果	使用年限(年)	围堰工程规模	
				围堰高度(m)	库容(亿 m³)
3	有特殊要求的 1 级永久性水工建筑物	淹没重要城镇、工矿企业、交通干线或推迟总工期及第一台(批)机组发电,造成重大灾害和损失	＞3	＞50	＞1.0
4	1 级、2 级永久性水工建筑物	淹没一般城镇、工矿企业、或影响工程总工期及第一台(批)机组发电而造成较大经济损失	3～1.5	50～15	1.0～0.1
5	3 级、4 级永久性水工建筑物	淹没基坑,但对总工期及第一台(批)机组发电影响不大,经济损失较小	＜1.5	＜15	＜0.1

注:1. 表列四项指标均按导流分期划分,保护对象一栏中所列永久性水工建筑物级别系按现行行业标准《水利水电工程等级划分及洪水标准》SL 252 划分。

2. 有、无特殊要求的永久性水工建筑物均系针对施工期而言,有特殊要求的 1 级永久性水工建筑物系施工期不应过水的土石坝及其他有特殊要求的永久性水工建筑物。

3. 使用年限系指围堰每一导流分期的工作年限,两个或两个以上导流分期共用的围堰,如分期导流一期、二期共用的纵向围堰,其使用年限不能叠加计算。

4. 围堰工程规模一栏中,围堰高度指挡水围堰最大高度,库容指堰前设计水位所拦蓄的水量,二者应同时满足。

现行行业标准《水电工程围堰设计导则》NB/T 35006 规定导流建筑物根据其保护对象、失事后果、使用年限和围堰工程规模划分为 3 级、4 级和 5 级,具体按表 3 确定。

表 3　导流建筑物级别划分

建筑物级别	保护对象	失事后果	使用年限(年)	围堰工程规模	
				围堰高度(m)	库容(亿 m³)
3	有特殊要求的 1 级永久性水工建筑物	淹没重要城镇、工矿企业、交通干线或推迟总工期及第一台(批)机组发电,造成重大灾害和损失	>3	>50	>1.0
4	1 级、2 级永久性水工建筑物	淹没一般城镇、工矿企业、或影响工程总工期及第一台(批)机组发电而造成较大经济损失	3~1.5	50~15	1.0~0.1
5	3 级、4 级永久性水工建筑物	淹没基坑、但对总工期及第一台(批)机组发电影响不大,经济损失较小	<1.5	<15	<0.1

注:1. 导流建筑物中的挡水建筑物和泄水建筑物,二者级别相同。

　　2. 表列四项指标均按导流分期划分,保护对象一栏中所列永久性水工建筑物级别系按现行行业标准《水电枢纽工程等级划分及设计安全标准》DL 5180划分。

　　3. 有特殊要求的 1 级永久性水工建筑物系指施工期不允许过水的土石坝及其他有特殊要求的永久性水工建筑物。

　　4. 使用年限系指导流建筑物每一施工阶段的工作年限,两个或两个以上施工阶段共用的导流建筑物,如一期、二期共用的纵向围堰,其使用年限不能叠加计算。

　　5. 围堰工程规模一栏中,高度指挡水围堰最大高度,库容指堰前设计水位拦蓄在河槽内的水量,二者必须同时满足。

现行国家标准《钢围堰工程技术标准》GB/T 51295 将钢围堰结构划分为不同的安全等级,如表 4 所示。

表 4　钢板桩、钢管桩围堰安全等级划分

围堰安全等级	主体工程安全等级	平面尺寸 $A(m^2)$	围堰高度 $H(m)$	围堰水深 $h_w(m)$	围堰深度范围砂层、淤泥层厚度 $h_s(m)$	使用年限 (a)	失事后果
一级	一级	$A \geqslant 500$	$H \geqslant 10$	$h_w \geqslant 8$	$h_s \geqslant 5$	>2	特别严重
二级	一级或二级	$100 \leqslant A < 500$	$5 \leqslant H < 10$	$4 \leqslant h_w < 8$	$3 \leqslant h_s < 5$	$1 \sim 2$	严重
三级	三级	$A < 100$	$H < 5$	$h_w < 4$	$h_s < 3$	<1	一般

现行国家标准《钢围堰工程技术标准》GB/T 51295 适用于铁路、市政、水利、港口、海洋等工程构筑物建造时使用的钢围堰临时工程,适用范围较广。上海堤防工程钢板桩围堰属于水利行业,现阶段已有相关的规范和标准,故本标准所提围堰应根据其保护对象和失事后果进行级别划分,将上海堤防工程钢板桩围堰级别划分为 4 级和 5 级,见本标准表 4.0.2。

表 4.0.2 其他河道根据河道内水位变化特性分为两类:开敞河道和闸控河道。其中,闸控河道主要为上海市排涝河道,为保障区域安全,跨汛期施工时围堰工程不得降低区域除涝标准,因此跨汛期施工时,围堰设计洪水标准等同区域除涝设防标准;非汛期时河道水位基本维持在常水位,因此围堰工程施工时不设置围堰工程设计洪水标准。

5 平面布置和结构设计

5.1 一般规定

5.1.1 围堰与岸坡接头处设计,应保证堰体与岸坡接合面具有良好的防渗性能。钢板桩围堰与岸坡的接头方式较多,常规做法是钢板桩施打至堤防结构连接处,采用袋装土覆盖防渗,具体的接头连接方式结合工程实际情况确定。

5.1.2 现行行业标准《水利水电工程围堰设计规范》SL 645 和《水电工程围堰设计导则》NB/T 35006 基于围堰具有使用时间短、堰前水位时涨时落、高水位持续时间短等特点,规定设计荷载只考虑正常工况下荷载组合。本标准中围堰设计可只考虑正常运行工况下的荷载组合,但是对于度汛围堰宜增加抗震工况复核。

5.1.3 本市堤防工程钢板桩围堰的设计工况相对简单,主要分析设计挡水水位工况即堰前设计挡水高水位,堰后水位降至最低、基坑开挖至最低工况。考虑到围堰可能遇到的其他不利工况,尚应进行计算分析。

5.2 平面布置

5.2.2 根据围堰的受力特点,拦河围堰宜布置成直线,不宜布置成反拱型。

5.2.4 上海地区存在围堰兼作临时防汛墙的案例,针对与临时防汛墙结合的围堰需满足临时防汛墙的相关要求,其范围应包含堤防的开缺范围,以形成防汛封闭。

5.3 围堰断面型式

5.3.1 结合本市堤防施工经验,常用的围堰类型主要有土围堰、木桩围堰、槽钢/管桩围堰、钢板桩围堰等。根据现行行业标准《水利水电工程围堰设计规范》SL 645、《水利水电工程施工组织设计规范》SL 303 的要求,围堰工程级别为 4 级时,土石结构围堰洪水标准为 10 年~20 年一遇,堰顶安全超高为 0.5 m;混凝土、浆砌石结构围堰洪水标准为 5 年~10 年一遇,堰顶超高为 0.3 m。围堰工程级别为 5 级时,土石结构围堰洪水标准为 5 年~10 年一遇,堰顶安全超高为 0.5 m;混凝土、浆砌石结构围堰洪水标准为 3 年~5 年一遇,堰顶安全超高为 0.3 m。

结合相关规范要求,根据本市围堰实施的经验,综合确定黄浦江市区段、黄浦江上游段、苏州河等围堰设防标准为 5 年~10 年一遇,堰顶安全超高为 0.5 m;其他河道排涝标准为 20 年一遇,为保障区域排涝安全,跨汛施工时不降低区域排涝标准,挡水标准取 20 年一遇,非汛期施工时其他河道水位基本维持在常水位,不设置洪水标准。其他河道堤防围堰堰前水位可控,故堰顶超高建议为 0.3 m~0.5 m,针对围堰重要程度较高的岸段,堰顶超高宜取大值。

5.4 设计计算

5.4.2 上海市工程建设规范《基坑工程技术标准》DG/TJ 08—61—2018 中条文说明 5.1.1 条:考虑到上海地区基坑工程影响范围内的浅部土层为滨海河口沉积层,层理明显,往往黏性土与粉性土或粉砂层呈交互薄层,水平向渗透系数最小值约为 1×10^{-6} cm/s,具有一定的透水性,故规定作用于围护墙上的侧压力宜按水土分算原则计算。本标准涉及的土层以浅部土层为主,故规定围堰稳定计算中土压力及水压力宜按水土分算的原则计算。

5.4.3 本市钢板桩围堰在满足抗倾覆安全性的前提下,一般围堰的整体稳定和基坑抗渗流稳定均满足,故宜优先计算围堰的抗倾覆稳定性。

围堰主动土压力、被动土压力以及静水压力按照现行行业标准《水工建筑物荷载设计规范》SL 744 的有关规定计算。

5.4.4 现行国家标准《堤防工程设计规范》GB 50286 规定,岩基上防洪墙抗倾覆安全系数正常运用条件下堤防工程级别 4 级和 5 级对应的抗倾覆稳定安全系数分别为 1.45 和 1.40。考虑到黄浦江和苏州河围堰虽为临时工程,但出于其重要性,建议围堰级别为 4 级和 5 级下的抗倾覆安全系数分别为 1.35 和 1.30。

5.4.7 本条为平面杆系结构弹性支点法的说明。

1 单排钢板桩围堰计算宽度取单根桩的宽度,即单根桩的间距;组合式钢板桩围堰计算宽度取单组桩的宽度,例如钢板+钢管桩交替组合构成的组合式围堰,将单根钢板桩和单根钢管桩作为一组,围堰受力计算宽度取单组桩的宽度。

2 单排钢板桩围堰和组合式钢板桩围堰在满足抗倾覆稳定性的前提下,一般不会出现 $P_s > F_p$ 的情况。实际上,土的抗力是有限的,不应超过被动土压力,以 $P_s = F_p$ 作为土反力的上限。

3 行业标准《建筑基坑支护技术规程》JGJ 120—2012 在规定,平面杆系结构弹性支点法的分布土抗力相较于《建筑基坑支护技术规程》JGJ 120—99 增加常数项初始分布土反力 p_{s0},其修改主要是将基坑面以下的土压力分布由不考虑该处的自作用的矩形分布改为考虑土的自重作用的随深度线性增长的三角形分布。

基于钢板桩围堰不等同于基坑工程,围堰背水侧在没有基坑挖深、迎水侧水位不高的前提下,围堰背水初始土反力常数项 p_{s0} 可能大于围堰的迎水侧的受力,从而导致计算出围堰的变形可能会向迎水侧,与实际结果不符。故本标准增加初始分布土抗

力系数 k_{s_0} 取 0 或 1。

　　4 围护结构的弹性支点法实质上是从水平向受荷桩的计算方法演变而来。因此,严格来说,地基土的水平反力系数 m 应根据单桩的水平荷载试验结果确定。在没有单桩水平荷载试验时,现行行业标准《建筑基坑支护技术规程》JGJ 120 给出了通过开挖面处的水平位移值与土层参数来确定 m 值,但开挖面处的水平位移值难以确定,计算得到的 m 值可能与地区的经验取值范围相差较大,而且当内摩擦角较大时,计算出的 m 偏大,可能导致计算得到的被动侧土压力大于被动土压力。现行上海市工程建设规范《基坑工程技术标准》DG/TJ 08—61 给出上海地区的工程经验,见表 5.5.7。本标准建议按桩的水平荷载试验及上海地区经验确定。

　　5 钢板桩围堰变形和强度按概率极限状态设计方法计算,参考现行行业标准《建筑基坑支护技术规程》JGJ 120,由平面杆系结构弹性支点法得出的剪力、弯矩标准值转化为设计值,需考虑结构重要性系数 γ_0 和作用基本组合综合分项系数 γ_F。本标准参考现行行业标准《建筑基坑支护技术规程》JGJ 120 和现行上海市工程建设规范《基坑工程技术标准》DG/TJ 08—61,作用基本组合综合分项系数 γ_F 取 1.25,结构重要性系数 γ_0 按支护结构安全等级二级取 1.00。

5.4.8 本条为单排钢板桩或组合式钢板桩围堰在荷载效应基本组合下强度和变形计算的说明。

　　1～3 单排钢板桩或组合式钢板桩围堰(组合式钢板桩围堰最小的重复长度视为一组)在荷载效应基本组合下需验算抗弯强度、抗剪强度和折算应力,折算应力的验算截面通常取最大弯矩处和最大剪力处计算截面。钢材的抗弯、抗剪刚度强度设计值取值详见现行国家标准《钢结构设计规范》GB 50017。

　　4 围堰的变形分析主要是考核围堰的水平变形,现有规范并未明确围堰的允许变形量值。工程施工期间,防汛墙允许变形量值:日变化量 2 mm,累计变形 10 mm;安全等级为三级的基坑围护墙最大侧向变形量值:日变化量 3 mm~5 mm,累计变形 0.8%H[H 为基坑开挖深度(m)];环境保护等级为三级的基坑围护墙的最大侧向变形量值:日变化量 3 mm~5 mm,累计变形 0.7%H。考虑到围堰为临时工程且对围堰的变形允许值没有特别的限制,但围堰的过大变形也会导致围堰自身的安全隐患,本标准建议围堰的变形允许量值下限为 3%H。

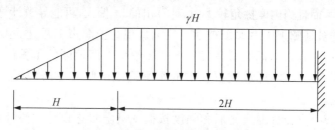

图5 单排钢板桩围堰受力分析简图

将钢板桩围堰按照悬臂梁进行计算,围堰插入比按 1:2 计,在仅考虑水压力作用时,受力分析简图如图 5 所示,可得出围堰的最大允许弹性变形极值为

$$\Delta = \frac{161H\varepsilon}{95y}H \tag{1}$$

式中:Δ——围堰的最大允许弹性变形极值(m);

　　H——围堰出土高度(m);

　　y——钢板桩横截面上所求应力点到中和轴的距离(m);

　　ε——钢板桩的应变。

在取 $\varepsilon=0.2\%$(条件屈服极限下的应变),H/y 为 17~20(按照表 4 的结果进行估算)的前提下,围堰的最大允许弹性变形极值为 5.7%H~6.8%H。结合相关工程经验,钢板桩围堰桩顶变形允许值取不超过围堰出土高度的 3%~5%。

5.4.9 双排钢板桩围堰的计算较为复杂,特别是桩间土的作用对前后排的影响难以确定,桩间土的存在对前后排桩的土压力均产生影响。桩间土的计算,目前常见的模型有桩间土静止土压力模型、前后排桩土压力分配模型和考虑前后排桩相互作用模型。三种模型各有利弊,但都不适用于双排桩钢板桩围堰的计算。

从围堰抗倾覆稳定性的角度而言,双排钢板桩围堰与单排钢板桩围堰主要区别在于,双排钢板桩之间的土体自重有利于提高围堰的抗倾覆稳定性。双排钢板桩主要应用于挡水水头超过 4 m的工况,双排钢板桩中间的土体自重对提高围堰的抗倾覆稳定性的幅度有限。因此,从围堰抗倾覆的前提下基本可以确定钢板桩的桩长,故本条要求双排钢板桩围堰在满足抗倾覆稳定性的前提下,再进行强度验算。

现行行业标准《码头结构设计规范》JTS 167 中提出,格形墙体抗剪切稳定分析方法可采用北岛法和柯敏思法确定格形钢板桩的墙体宽度。参考现行行业标准《码头结构设计规范》JTS 167 的柯敏思法,现行国家标准《钢围堰工程技术标准》GB/T 51295 提出双排钢板桩围堰内部剪切稳定的计算方法,但计算的围堰宽度普遍大于围堰高度,另外围堰内部回填砂石土料的参数取值没有给出明确的规定,且围堰内砂石土料的参数不能按压实后的土料参数取值。上海地区堤防工程钢板桩围堰宽度普遍小于围堰的出土高度。

围堰宽度变化对前后两排钢板桩的受力均有影响,研究表明:前排钢板桩的正弯矩随着宽度的增加而增加,负弯矩随着围堰宽度的增加而减小;后排钢板桩的正弯矩随着宽度的增加而增加,负弯矩随着围堰宽度的增加而减小。上述规律表明,随着围堰宽度的增加,原本围堰的双排桩逐渐转换为类似于桩(锚)作用体系。弯矩量值变化的反弯点可视为桩(锚)作用体系转换的一个临界点,反弯点所对应的宽度可视为围堰钢板桩充分发挥的最小宽度。反弯点对应的宽度与围堰出土高度有关,可近似为0.6 倍~0.7 倍的围堰出土高度(围堰出土高度较高的取大值,围堰出土高度较小的取小值)。围堰宽度和围堰出土高度的关系拟合为式(2),故建议围堰出土高度大于 4 m 的双排钢板桩桩围堰宽度宜按式(2)估算。

$$B \geqslant 1.25H - 3 \qquad (2)$$

式中:B——围堰宽度(m);

H——围堰出土高度(m)。

5.4.10 钢板桩锁口位于断面的中和轴上时,因受弯时此处的剪力最大,如锁口咬合不牢,受力后会发生错动,导致截面上系数降低。设计计算时,应根据钢板桩桩顶是否设置围檩和锁口的位置,对钢板桩的惯性矩和截面模量进行适当的折减。

5.4.11 纵向钢板桩围堰导致河道过流断面束窄,相应的水流流速、流态发生变化。考虑到苏州河河口一般宽度为 50 m~70 m,最窄河口宽度为 39 m,建议纵向钢板桩围堰导致河道过流断面束窄 20% 及以上的,宜进行导流期间的水力计算。

5.5 构　造

5.5.2 本条是为了防止钢板桩的脆性破坏,建议钢板桩围堰宜采用 B 级以上钢材。

5.5.3 钢板桩的转角处理可通过转角桩、转角构件和锁口连接方式实现,如图 6 所示。

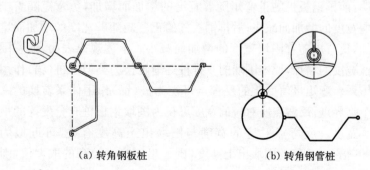

(a) 转角钢板桩 　　　　　　(b) 转角钢管桩

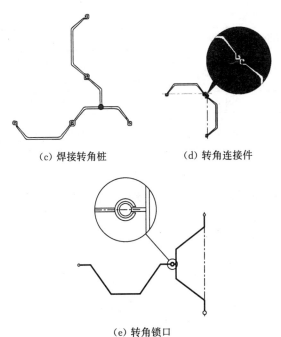

（c）焊接转角桩 　　　　　（d）转角连接件

（e）转角锁口

图 6　钢板桩转角连接图

5.5.4 钢板桩围堰需满足止水要求，一般渗透系数小于 1×10^{-5} cm/s 就属于低渗透性。根据现行上海市工程建设规范《基坑工程技术标准》DG/TJ 08—61，给出了上海地区土壤渗透系数 k 的经验值，如表 5 所示。

表 5　土的渗透系数 k 的经验值

土层序号	土层名称	k（cm/s）
②₁，⑤₁	粉质黏土	$(2.0\sim 5.0)\times 10^{-6}$
	黏土	$(2.0\sim 5.0)\times 10^{-7}$
②₃，③₂，⑤₂	黏质粉土	$(0.6\sim 2.0)\times 10^{-4}$
	砂质粉土	$(2.0\sim 6.0)\times 10^{-4}$
	粉砂	$(6.0\sim 12.0)\times 10^{-4}$

土层序号	土层名称	$k(\mathrm{cm/s})$
③$_1$,③$_3$	淤泥质粉质黏土	$(2.0\sim5.0)\times10^{-6}$
	淤泥质粉质黏土夹薄层粉砂	$(0.7\sim3.0)\times10^{-4}$
④	淤泥质黏土	$(2.0\sim4.0)\times10^{-7}$

同时,考虑到现行行业标准《水电工程围堰设计导则》NB/T 35006 中规定,土石围堰防渗土料的渗透系数不宜大于 $1\times10^{-4}\mathrm{cm/s}$,按 6 m 渗漏宽度核算下来每延米渗透量为 $6\times10^{-6}\ \mathrm{m^3/s}$。故本标准规定,钢板桩围堰的渗透量不宜大于 $6\times10^{-6}\ \mathrm{m^3/s}$。

6 施 工

6.1 一般规定

6.1.1 钢板桩围堰虽为临时工程,但对所围护的永久性建筑物极为重要,必须按设计要求进行施工。围堰的施工组织设计应结合围堰处地形和地质等条件、围堰的型式、平面布置等技术要求确定。在研究施工方案时,应尽量采用先进的施工技术,提高围堰的施工水平,在保证施工质量前提下,加快工程建设。

6.1.2 钢板桩沉桩机械设备种类繁多且应用较为广泛,常用的沉桩机械主要有:冲击式打桩机械(柴油锤、蒸汽锤和落锤)、振动式打桩机械和压桩机械等。目前,本市钢板桩普遍采用振动式打桩机械,故建议采用振动法施工。冲击式打桩机械由于存在烟雾、容易偏心等问题,不建议使用。

针对存在重要保护对象的工程,工程经验表明,静压法或免共振法沉桩施工对周边环境影响较小,宜选用。

6.2 钢板桩储运

6.2.1 钢板桩的堆放是工程中经常忽视的问题,本条提出了钢板桩的堆放要求。

6.3 钢板桩施工

6.3.2 通过设置导向架可以确保钢板桩打桩时的稳定和打桩位

置的准确性,故建议钢板桩沉桩时宜采用定位导向装置。

6.3.3 钢板桩沉桩的布置方式一般分为以下三种:插打式、屏风式和错列式。插打式打桩方法是将钢板桩一根一根打入土中,这种方法施工速度快,但是沉入的钢板桩易倾斜,主要适用于短桩。屏风式打桩方法是将多根钢板桩插入土中一定深度,来回沉桩至设计标高,可防止钢板桩的倾斜与转动,但是施工速度较慢。错列式打桩是每隔一根桩进行沉桩,然后再打击中间的桩,一般用于组合式钢板桩,先沉入截面模量较大的主桩,后沉入截面模量较小的辅桩。

6.3.5 单根围檩应具备一定的长度,以确保能有效发挥围檩的作用,建议围檩的长度宜大于 4 倍的拉杆间距。

6.4 围堰拆除

6.4.3 钢板桩可按与打桩顺序相反的次序拔桩,宜在低水位时拔除。当拔桩阻力较大时,应立即停拔检查,采取射水、振动等松动措施。拔桩若出现空隙,应根据工程情况确定是否需要采取处理措施。

7 安全监测

7.0.1 巡视检查方法一般通过监测人员的眼看、耳听、手摸等直观方法或辅以锤、卷尺等简单工具对围堰工程表面和异常现象进行检查,也可采用投放化学试剂、水下探摸等特殊方法对工程内部、水下部位进行检查。若发现异常情况,必须予以分析判断,及时采取防护加固措施,保证围堰安全运行。

7.0.3 围堰运行期间,除巡视检查外,还应进行必要的外部监测,实时监测围堰的安全性,以便能及时发现存在的安全隐患。

8 质量检验与验收

8.0.1 钢板桩(拉森桩)质量检查项目、质量标准及检验方法是根据上海市工程建设规范《水利工程施工质量检验与评定标准》DG/TJ 08—90—2014 中第 5.10.2 条编写的;钢板桩围堰施工完成后允许偏差及检验方法是依据国家标准《钢围堰工程技术标准》GB/T 51295—2018 中第 5.6.1 条编写的。